'예비 초등 수학'

화폐

- 동전과 지폐

화폐 FAQ

Q: 화폐를 왜 책으로 배워야 할까요?

부모님들이 어린 시절에 자주 하던 놀이 중 하나가 시장 놀이입니다. 시장 놀이를 하면서 돈을 지불하고, 거스름돈을 받는 등의 활동을 통하여 화폐의 가치와 돈의 계산 방법을 자연스레 알게 되었습니다.

지금 아이들 역시 시장 놀이를 합니다. 그런데 아이들은 시장 놀이에서 돈을 주고받는 과정을 하지 않습니다. 아이들은 카드를 긁고, 휴대전화를 단말기에 대는 행위를 통해 결제합니다. 현재 시대를 반영한 모습이지요. 그러나 그 과정에서 아이들은 부모들이 배웠던 많은 것들을 배우지 못하는 것입니다. 상품의 가격을 계산하고, 거스름돈을 계산하는 과정은 단순하게 금액을 더하고 빼는 데에만 끝나지 않습니다. 가지고 있는 동전과 지폐를 조합하고, 계산하는 과정에서 수를 조작하는 능력을 가장 자연스럽고, 빠르게 기를 수 있습니다. 이 중요한 능력을 기르기 위해 책을 이용해서라도 화폐를 사용하는 경험을 아이에게 주어야 합니다.

Q: 실제 초등 교과 과정과 관련이 있을까요?

아이들이 화폐를 이용하여 학습할 수 있는 내용은 초등 교과에 나오는 수와 연산에 관한 모든 것입니다. 부모님들도 이미 아시다시피 수와 연산은 수학의 기본입니다. 따라서 수와 연산에 관한 단원은 초등 수학 전 학년에 걸쳐 지속해서 많이 나오고 있으며, 특히 수 관련 단원은 초등 1학년부터 4학년까지 학기마다 나오고 있습니다. 이 단원들에서 문제에 자주 나오는 소재가 화폐입니다. 그러니 아이들이 미리 화폐를 이용한 여러 가지 활동과 문제에 익숙해지는 것은 여러모로 도움 되는 일입니다.

Q: 화폐를 배우려면 어떤 것을 알고 있어야 할까요?

화폐는 1원부터 500원까지의 동전과 1000원부터 50000원까지의 지폐가 있습니다. 이 책에서는 실제 사용되지 않는 1원, 5원과 가장 큰 지폐인 50000원을 제외한 10원짜리 동전부터 10000원짜리 지폐까지를 다루고 있습니다. 그러나 화폐를 이용한 학습을 하기 위해 네 자리 수까지 다 알아야 하는 것은 아닙니다. 두 자리 수를 알고 간단한 덧셈, 뺄셈의 개념을 알면 화폐에 대한 학습을 시작할 수 있습니다. 덧셈, 뺄셈을 잘하는 아이들이 가격의 합을 구하고, 거스름돈을 구할 수 있는 것이 아닙니다. 가격의 합을 구하고 거스름돈을 구하는 과정에서 덧셈, 뺄셈을 잘하게 되는 것입니다.

Q: 화폐를 지도할 때 주의해야 하는 점은 무엇일까요?

① **지나치게 학습적인 분위기를 만들지 않습니다.**

부모님들이 어릴 때 화폐에 대해 자연스럽게 학습할 수 있었던 것은 시장 놀이를 하면서 즐겁게 학습하였기 때문입니다. 안타깝게도 우리 아이들은 놀이로서 화폐를 학습할 수 없으나 최대한 즐겁게 화폐에 대해 받아들일 수 있어

야 합니다. 본 교재는 동전 퍼즐과 자판기, 가게에서의 주문 등의 내용으로 아이가 조금 더 놀이로서 접근하도록, 조금 더 일상생활에서 활용 가능하도록 구성하였습니다. 아이가 즐겁게 학습할 수 있도록 도와주세요.

② 1000원, 10000원을 만드는 데 집중합니다.

아이가 처음 수와 연산을 배울 때 여러 가지 방법으로 모으기 하여 10을 만들고, 10을 가르기 하는 것을 배웁니다. 우리가 십진법 체계를 따르기 때문입니다. 같은 이유로 동전과 지폐를 사용하여 여러 가지 방법으로 1000원, 10000원을 만드는 것에 익숙해지는 것이 돈의 계산을 수월하게 만드는 방법입니다.

③ 화폐 계산을 벗어난 복잡한 계산을 시키지 않습니다.

아이가 큰 단위의 화폐 계산도 쉽게 할 수 있는 것은 금액이 대부분 몇천 원, 몇백 원으로 간단하기 때문입니다. 그런데 부모님들은 아이가 화폐로 네 자리 수 계산을 하는 것이 보이면 2689+1775와 같이 여러 번의 받아올림이 있는 계산을 무리하여 시키고 싶어 합니다. 아이가 네 자리 수 계산을 쉽게 받아들이는 것처럼 보이기 때문이지요. 그러나 화폐 계산은 화폐라는 실물이 있고, 계산도 쉽지만, 위의 예시와 같은 계산은 아이에게 너무나 추상적이고, 복잡한 계산일 뿐입니다. 그러므로 이렇게 시키는 것은 아이의 즐거운 학습 욕구를 꺾는 것입니다.

Q: 가격을 지불할 때 아이가 자주 하는 질문은 무엇일까요?

① 1000원짜리 3장, 500원짜리 1개가 있는데 1800원을 어떻게 내요?

아이들은 물건값에 딱 맞는 금액을 내야 한다고 생각합니다. 카드로 정확히 그 금액만을 결제하는 것을 보아왔기 때문이지요. 아이에게 더 많은 돈을 내고 거스름돈을 받으면 된다는 것을 이해시킵니다.

② 1000원을 내야 하는데 지갑에 동전만 있어요. 어떻게 하죠?

위(①)와 반대의 경우이면서 같은 경우입니다. 아이는 딱 맞는 금액의 동전이나 지폐가 없는 경우 어떻게 내야 하는지 모를 수 있습니다. 아이에게 동전을 모아 원하는 금액을 만들도록 이해시킵니다.

Q: 화폐를 배울 때 교구재가 필요할까요?

아이들이 화폐에 대한 문제를 해결하고, 시장 놀이를 해보려면 동전과 지폐를 직접 다루어 보는 것이 훨씬 이해가 빠르고 재미있어합니다. 100원을 만드는데 머리 속이나 손으로 적어가며 하는 것이 아닌 10원짜리, 50원짜리를 모아서 여러 가지 방법으로 직접 100원을 만들어 보고, 시장 놀이에서 필요한 금액을 지불하고, 거스름돈을 받는 경험을 쌓아가는 것입니다. 그런데 요즘 부모님의 지갑 속에는 동전이 아예 없을 가능성이 크고, 지폐도 몇 장 없을 겁니다. 대신 여러 장의 카드가 차지하고 있지요. 그래서 교재에서는 부록으로 동전과 지폐를 교구재로 제공하고 있습니다.

아이와 같이 교구재를 이용하여 교재에 나오는 학습을 직접 해보시기를 추천합니다.

이 책의 차례

여러 가지 동전

🚗 우리나라에서 사용하는 동전을 알아보아요.

이 동전들 본 적 있지? 우리 동전들의 특징을 찾아보자.

10원, 50원, 100원, 500원짜리 동전이 있네.

10원짜리 동전이 제일 작고, 제일 가벼워요.
10원짜리 동전만 색깔이 달라요.
동전의 한쪽 면에 다보탑이 그려져 있어요.

50원짜리 동전의 한쪽 면에 벼가 그려져 있어요.

동전마다 크기도 모양도 달라.

100원짜리 동전의 한쪽 면에 이순신 장군님 얼굴이 있어요.

500원짜리 동전이 가장 크고, 가장 무거워요.
500원짜리 동전의 한쪽 면에 학이 그려져 있어요.

🚗 같은 금액의 동전을 찾아 선으로 이으세요.

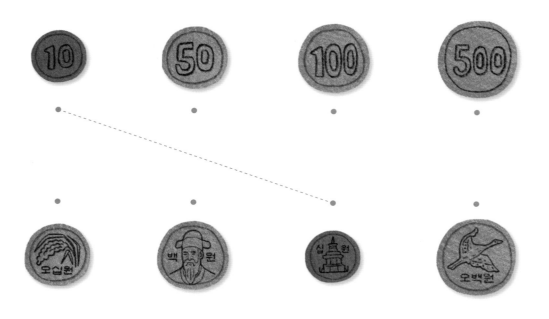

🚗 4가지 동전 중 색깔이 다른 동전은 무엇일까요?

원

🚗 4가지 동전 중 가장 크고 무거운 동전과 가장 작고 가벼운 동전을 차례로 쓰세요.

원, 원

🚗 모두 얼마일까요?

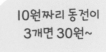

10원짜리 동전이
3개면 30원~

30원

200원

100원짜리 동전이
2개면 200원이야.

☐ 원

☐ 원

☐ 원

☐ 원

🚙 10원짜리 동전 5개와 100원짜리 동전 5개가 나타내는 금액을 가진 동전 붙임 딱지를 각각 찾아 빈 곳에 붙이세요.

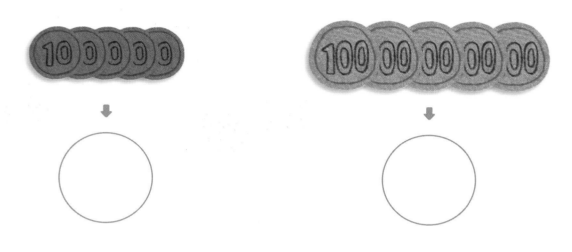

🚙 모두 얼마일까요?

☐ 원   ☐ 원   ☐ 원

50원이 2개면
100원~

50원이 4개면
100원이 2개 있는 거랑
같은 거지.

지갑 속 동전

🚗 지갑 속 동전은 모두 얼마일까요?

지갑 속에 100원이 한 개, 10원이 한 개~

지갑 속 동전은 모두 110원이네.

110원

50원 1개, 10원 1개는 60원, 10원이 1개 더 있으면 얼마일까?

◻️ 원

◻️ 원

◻️ 원

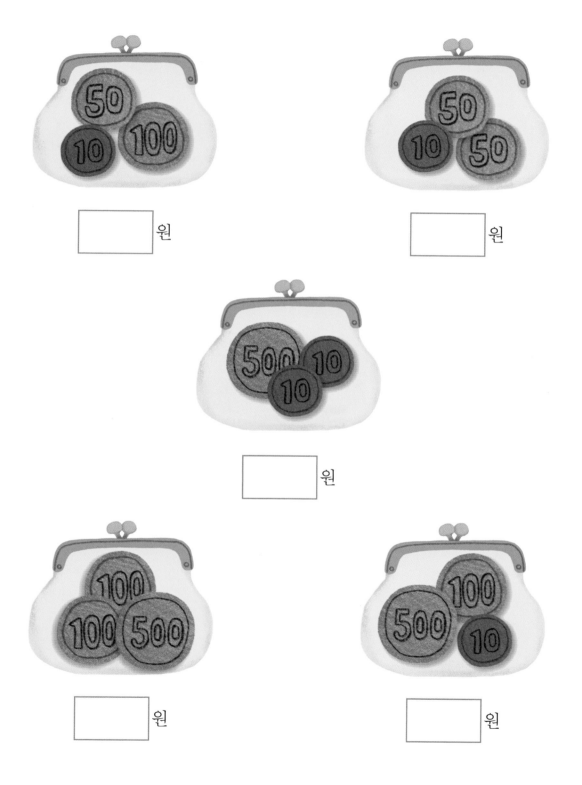

원

원

원

원

원

살 수 있는 물건

🚗 친구들이 가진 돈으로 살 수 있는 물건에 ◯표 하세요.

내가 가진 돈
500원으로
사탕은 살 수 있고,
도넛은 못 사.

500원으로는
살 수 없어요.

200원

700원

난 120원을 갖고 있어.

250원

200원

300원

120원

600원

580원

530원

800원

🚗 지갑 안에 있는 돈으로 살 수 있는 간식에 모두 ◯표 하세요.

지갑에 얼마가 있는지 생각해 봐.

🚗 왼쪽 동전의 금액을 오른쪽 동전으로 바꾸어 붙임 딱지로 나타내세요.

100원은 50원짜리 동전
2개로 바꿀 수 있어.

🚗 왼쪽 금액을 오른쪽 동전 붙임 딱지로 나타내세요.

150원, 200원을
50원으로
나타내 봐.

150원을 10원으로~
10원이 많이 필요해.

같은 금액

🚗 저금통 안 금액이 같은 것끼리 선으로 이으세요.

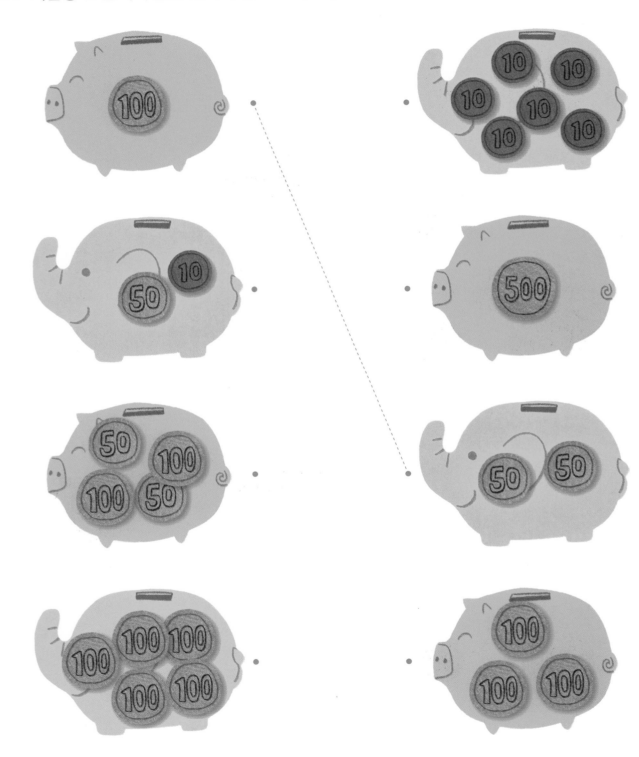

🚗 150원이 들어있지 않은 저금통에 모두 ✕표 하세요.

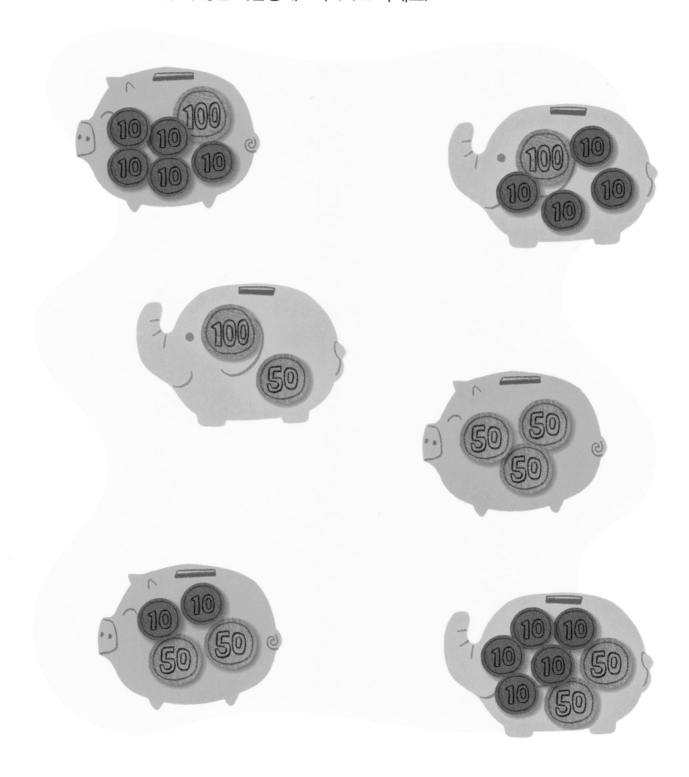

돈 모으기

🚗 모으면 주어진 금액이 되는 지갑 2개를 찾아 선으로 이으세요.

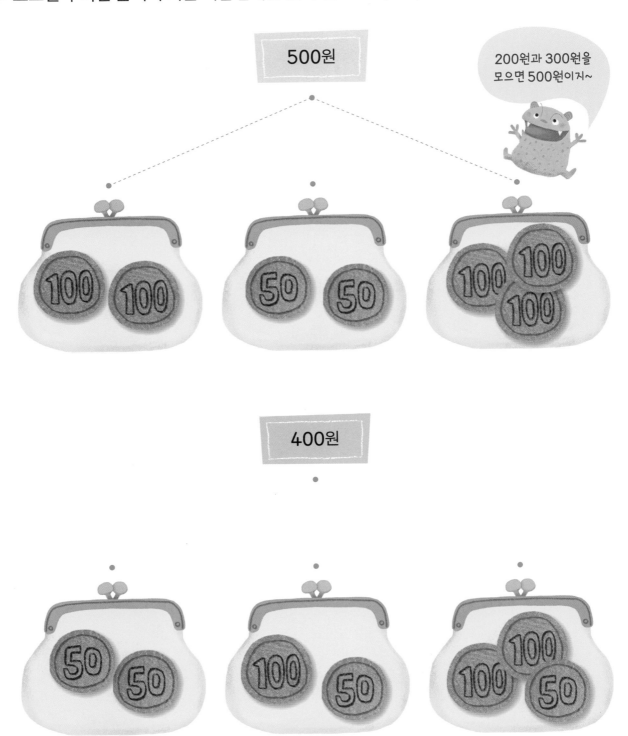

200원과 300원을
모으면 500원이지~

650원

270원

금액 만들기

🚗 금액에 맞도록 필요 없는 동전에 ✕표 하세요.

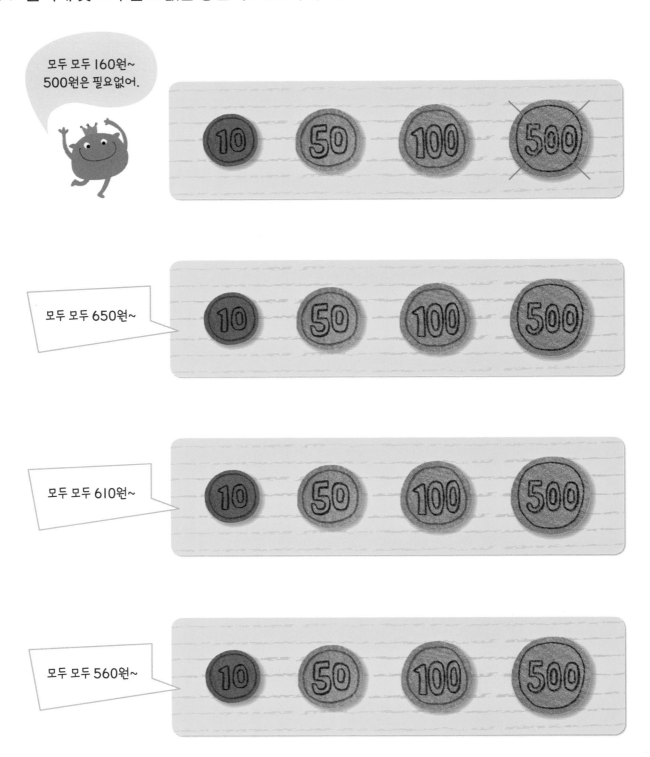

모두 모두 160원~
500원은 필요없어.

모두 모두 650원~

모두 모두 610원~

모두 모두 560원~

🚗 지갑 속 돈으로 간식 값을 내려고 합니다. 거스름돈 없이 돈을 내는 방법을 붙임 딱지로
나타내세요.

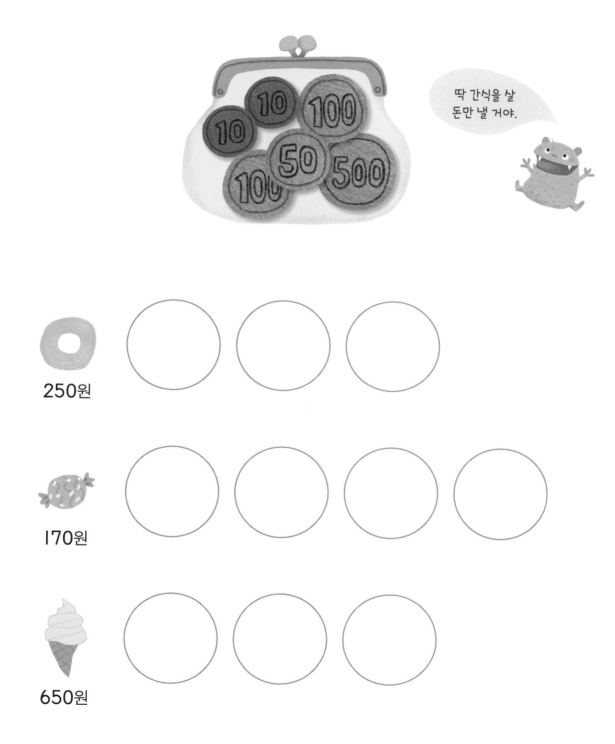

딱 간식을 살
돈만 낼 거야.

250원

170원

650원

동전 퍼즐

🚗 한 줄에 놓인 금액의 합을 빈 곳에 쓰세요.

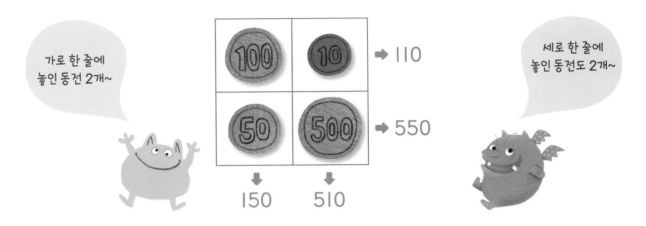

🚗 한 줄에 놓인 금액의 합에 맞게 빈 곳에 알맞은 동전 붙임 딱지를 붙이세요.

10	50			260
			500	750
500			50	660
10		50		210

570	260	350	700

합이 570원인
줄에 놓을
동전부터 생각해 봐.

동전 미로

🚗 동물 친구가 말한 금액에 맞도록 동전을 모아요. 미로를 통과하는 선을 그리세요.

720원을 모을거야~

난 260원을 모아야지.

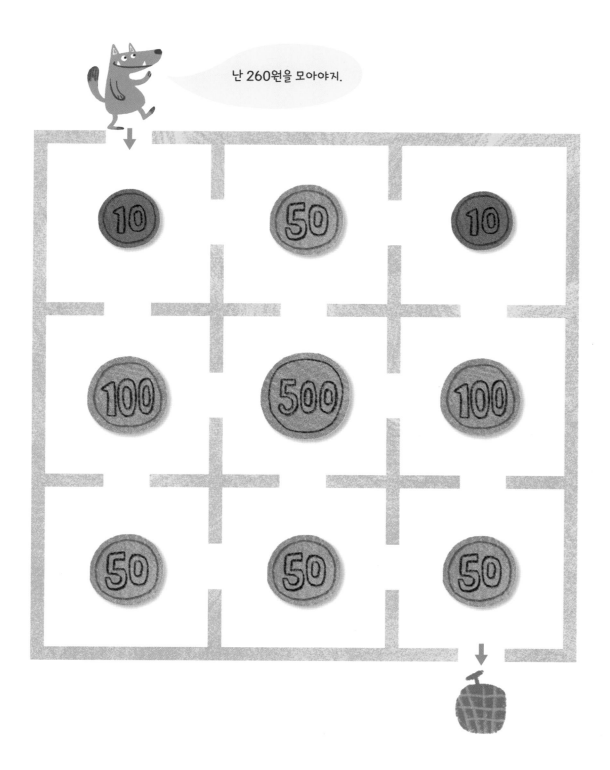

동전의 개수

🚗 여러 가지 방법으로 200원을 만들었어요. 사용한 동전의 개수를 쓰세요.

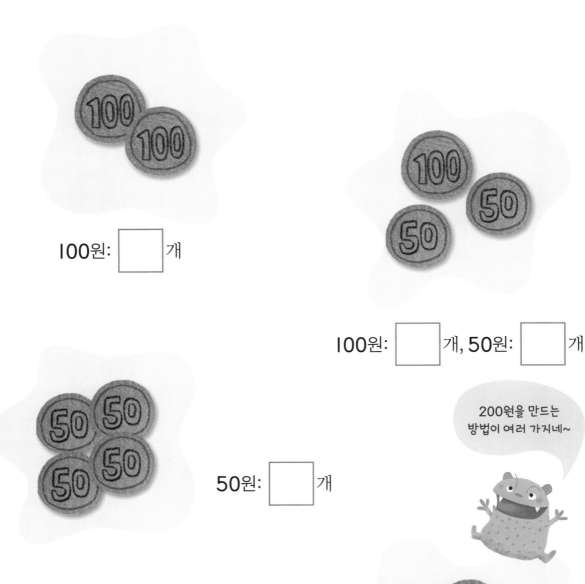

100원: ☐ 개

100원: ☐ 개, 50원: ☐ 개

50원: ☐ 개

200원을 만드는
방법이 여러 가지네~

100원: ☐ 개, 50원: ☐ 개, 10원: ☐ 개

🚗 동전 붙임 딱지를 이용하여 동전 개수에 맞게 여러 가지 방법으로 **500**원을 만드세요.

| 1개 | 5개 |

🚗 동전 붙임 딱지를 이용하여 동전 개수에 맞게 여러 가지 방법으로 **300**원을 만드세요.

| 3개 | 5개 |

부족한 돈은 얼마?

지갑 속 돈으로 학용품을 사려고 합니다. 돈이 남거나 부족하지 않도록 지갑에 동전 붙임 딱지를 붙이세요.

950원

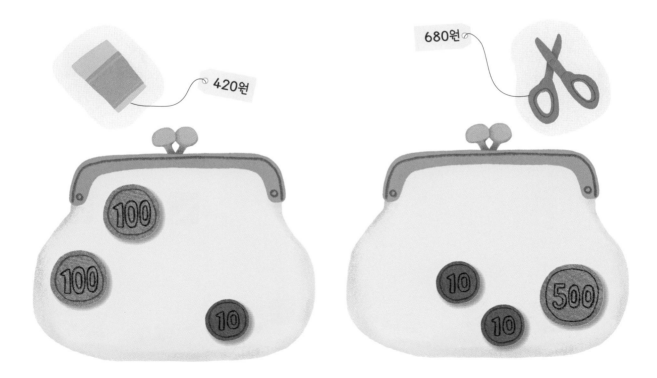

420원

680원

남은 돈은 얼마?

🚗 친구들의 이야기를 보고 물음에 답하세요.

우리가 가진 돈은 500원이야.

무엇을 마실까?

500원으로 살 수 없는 음료수에 ✕표 하세요.

500원으로 음료수를 살 때 돈이 남지 않는 음료수에 ◯표 하세요.

500원으로 를 사면 ☐ 원, 를 사면 ☐ 원이 남습니다.

500원으로 쿠키를 살 때 돈이 남지 않는 쿠키에 ◯표 하세요.

500원으로 각 쿠키를 사고 남은 돈을 구하세요.

 : ☐ 원, : ☐ 원, : ☐ 원

가격이 쌀수록
남는 돈이 많아.

확인학습

1 얼마일까요?

⬚ 원   ⬚ 원

2 모으면 500원이 되는 지갑 2개를 찾아 ◯표 하세요.

3 800원으로 다음 간식을 사고 남은 돈은 얼마일까요?

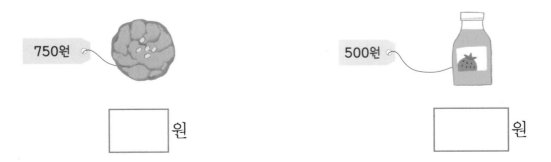

750원   500원

⬚ 원   ⬚ 원

동전과 지폐

- 1000원, 5000원, 10000원

- 얼마일까요?

- 주문하기

- 통장

14일 1000원(천 원)

🚗 1000원(천 원)을 알아보아요.

이렇게 생긴 지폐가 1000원이야.

1000원짜리 지폐에는 이황 선생님이 그려져 있어요.

한국은행 천 원 1000

눈이 안 보이는 친구들을 위한 점자가 있어요.

1000원짜리 지폐는 파란색이에요.

1000

100원짜리 동전 10개를 모으면 1000원이 되지.

500원짜리 동전은 2개만 모아도 1000원이야.

10원, 50원으로 1000원을 만들 수 있어?

그럼. 동전이 많이 있으면 만들 수 있지.

🚗 1000원에 모두 ◯표 하세요.

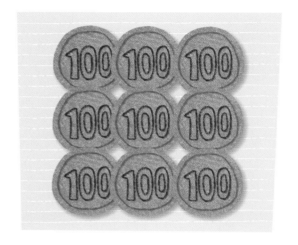

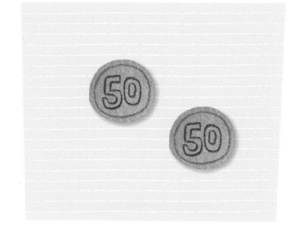

15일 1000원 만들기

🚙 모으면 1000원이 되는 지갑 2개를 찾아 선으로 이으세요.

예비 초등 수학_화폐 - 동전과 지폐

🚗 이웃한 두 저금통 안의 돈이 **1000**원이 되도록 빈 저금통에 동전 붙임 딱지를 붙이세요.

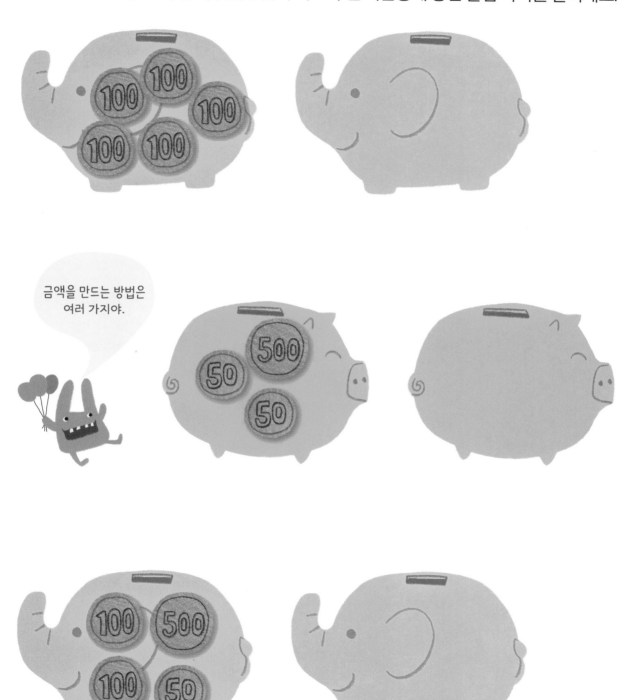

금액을 만드는 방법은
여러 가지야.

1000원으로 몇 개?

🚗 앤이 1000원으로 구슬을 사요. 각 구슬을 몇 개까지 살 수 있을까요?

1000원으로
100원짜리 구슬은
몇 개를 살까?

200원짜리 구슬은
몇 개를 살 수 있지?

100원

100씩 뛰어 세기를 하면
몇 개를 살 수 있는지
알 수 있지.

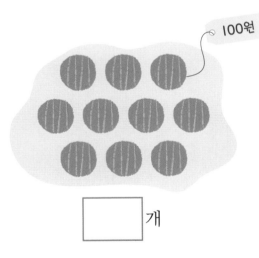

[ ] 개

200원

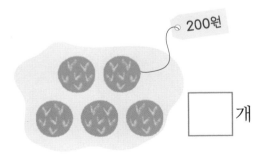

[ ] 개

500원  [ ] 개

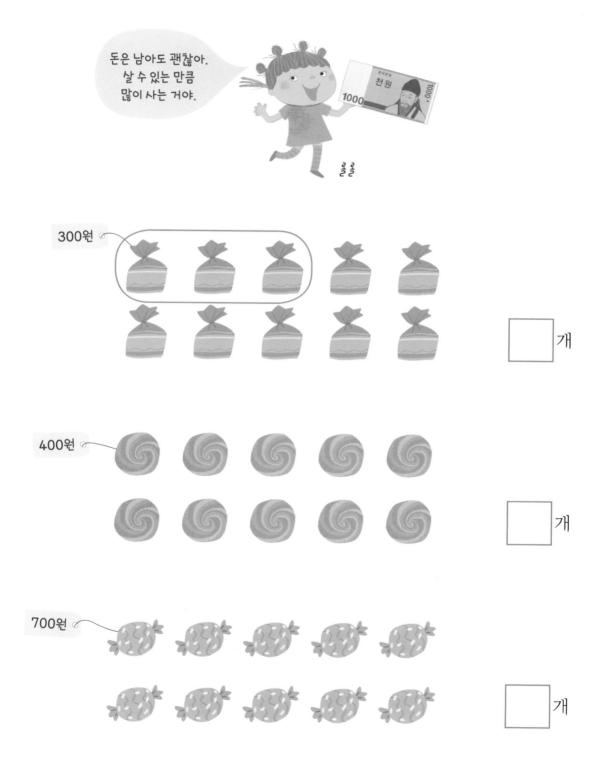

🚗 롤롤이 1000원으로 살 수 있는 가장 많은 사탕을 ⬭로 묶고, 몇 개인지 쓰세요.

돈은 남아도 괜찮아.
살 수 있는 만큼
많이 사는 거야.

롤롤

300원

개

400원

개

700원

개

1000원 내고 남은 돈

🚗 자판기에 1000원을 넣고 과일을 사요. 각 과일을 사고 남은 돈을 선으로 이으세요.

자판기에 1000원을 넣고 빵을 사요. 각 빵을 사고 남은 돈을 선으로 이으세요.

750원 850원
600원 950원

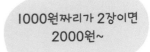

18일 몇 천 원

🚗 얼마일까요?

1000원짜리가 2장이면 2000원~

2000원

2000원은 이천 원이라고 읽어.

[   ] 원 (삼천 원)

[   ] 원 (사천 원)

[   ] 원 (육천 원)

몇 장인지 세어 봐.

🚗 얼마인지 선으로 이으세요.

이천 원 •

•

8000원 •

•

오천 원 •

•

7000원 •

•

5000원(오천 원)

🚗 5000원(오천 원)을 알아보아요.

이 지폐가 5000원짜리~

5000원짜리 지폐에는 이율곡 선생님이 그려져 있어요.

5000원에도 점자가 있어요.
1000원에는 점 1개,
5000원에는 점 2개.

한국은행 오천원

5000원짜리 지폐는 주황색이에요.

1000원짜리 5장을 모으면 5000원이야.

난 500원짜리로 5000원을 만들었어.

500원 동전이 몇 개 필요해?

10개!

🚗 지갑 안의 돈이 **5000**원이 되는데 더 필요한 금액을 선으로 이으세요.

20일 몇 개 살까요

🚗 친구들이 원하는 간식을 몇 개까지 살 수 있을까요?

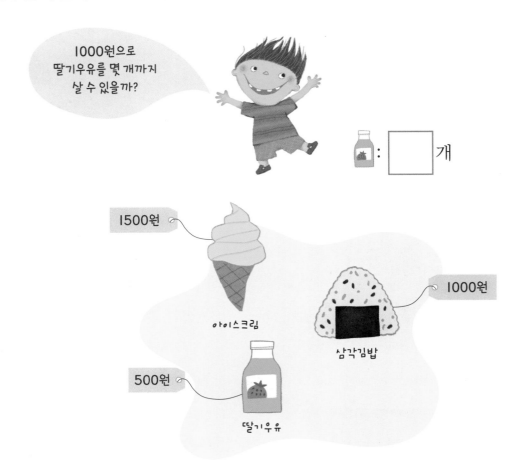

1000원으로
딸기우유를 몇 개까지
살 수 있을까?

: ☐ 개

1500원

아이스크림

1000원

삼각김밥

500원

딸기우유

5000원으로
삼각김밥을 몇 개까지
살 수 있을까?

: ☐ 개

3000원이 있어.
아이스크림을
몇 개 살 수 있을까?

: ☐ 개

🚗 요괴 친구들의 지갑을 찾아 선으로 이으세요.

도넛 4개를 살 수 있는 돈이 지갑에 있지.

500원

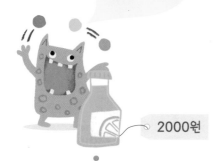

주스를 2개 사면 남는 돈이 없어.

2000원

난 샌드위치를 2개 살 거야.

3000원

얼마일까요

🚗 얼마일까요?

1000원이 한 장,
100원이 두 개~

1200원이네.
천이백 원이라고 읽지.

1200원

□ 원 (천오백 원)

□ 원 (육천백 원)

□ 원 (삼천삼백 원)

□ 원 (칠천육백 원)

🚗 모두 얼마일까요?

☐ 원

☐ 원

🚗 주어진 금액을 만드는 데 필요없는 동전 또는 지폐에 모두 ✕표 하세요.

7000원을 먼저 만들고,
700원, 80원을
차례로 만들어 봐.

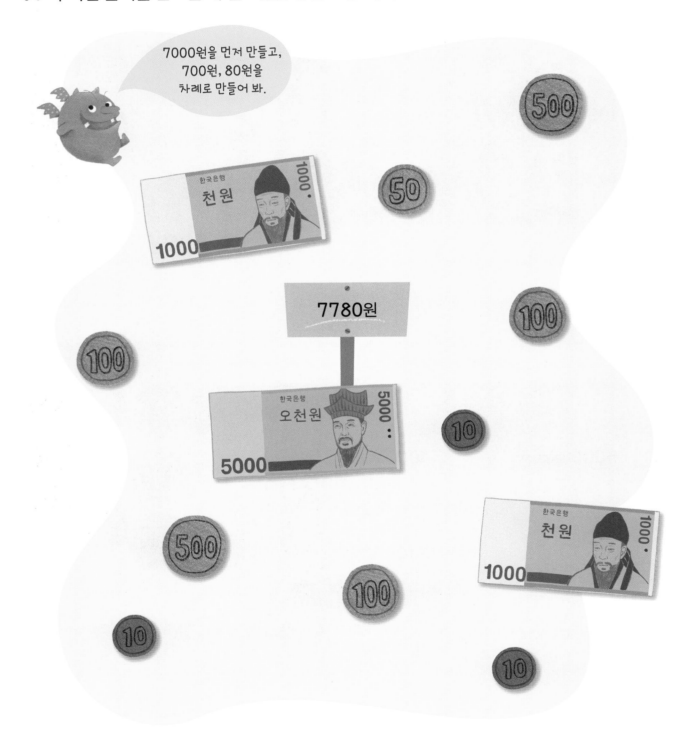

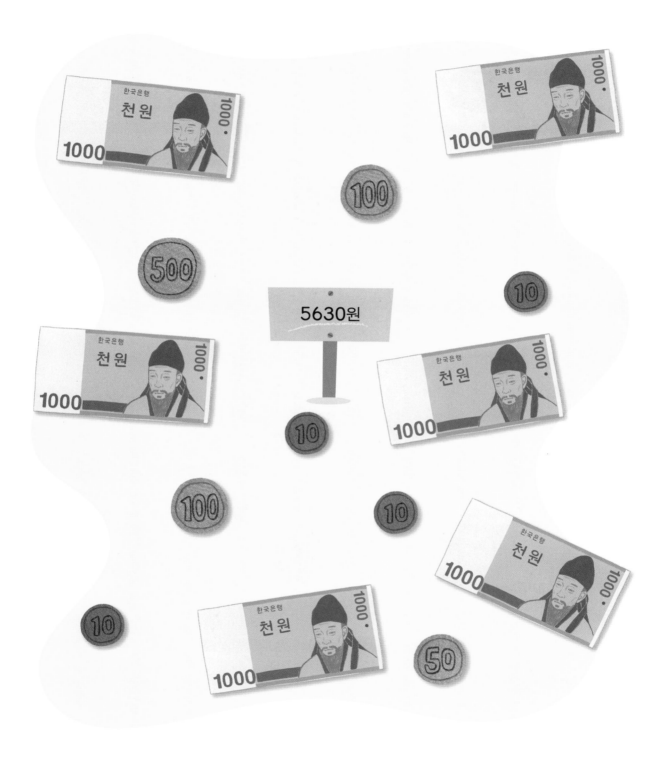

5630원

🚗 요괴 친구가 말한 금액이 되도록 돈을 모아요. 미로를 통과하는 선을 그리세요.

6210원을 모을 거야.

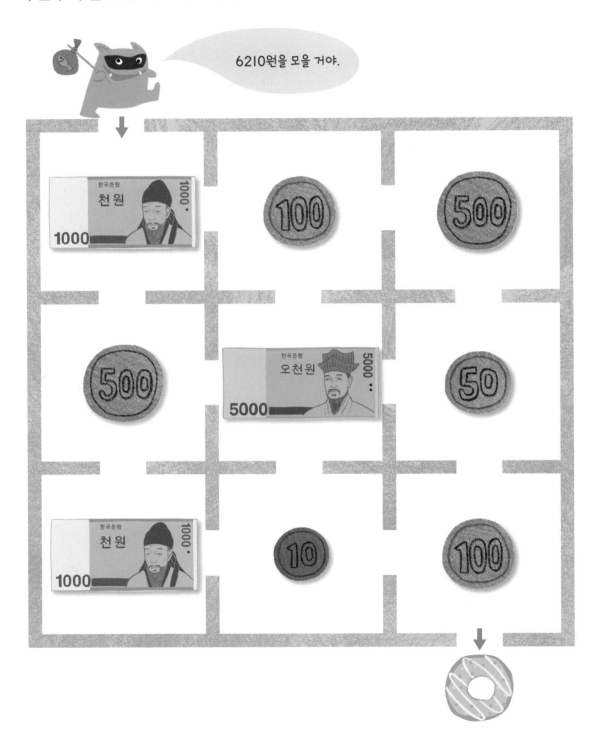

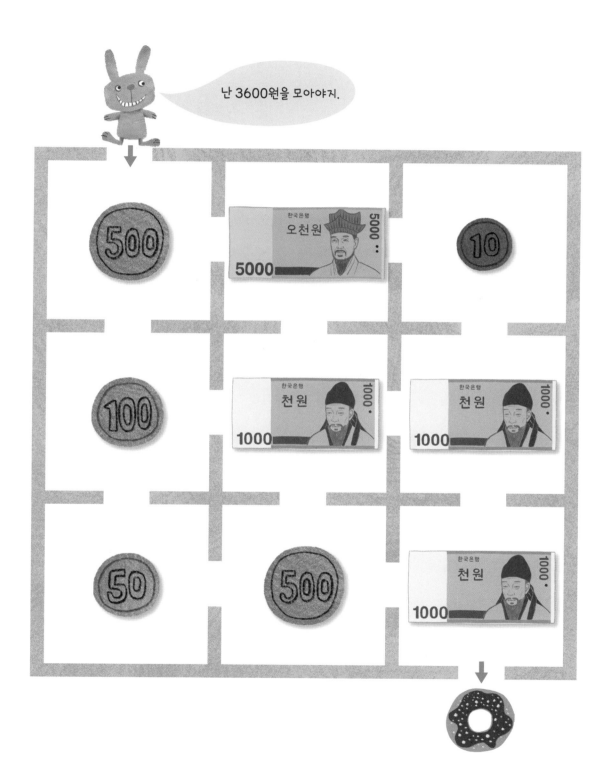

난 3600원을 모아야지.

많아요, 비싸요

🚗 같은 색 지갑 중 더 많은 돈이 들어있는 지갑에 ◯표 하세요.

어느 마트에서 파는 물건 중 가장 비싼 물건에 ◯표, 가장 싼 물건에 △표 하세요.

9900원

6200원

830원

7300원

950원

750원

680원

5700원

1000원

살 때 돈이 많이 필요
할수록 비싼 거야.

9300원

1200원

25일 남은 돈

지갑 속 돈으로 물건을 사고 남은 돈을 붙임 딱지로 나타내세요.

남은 돈

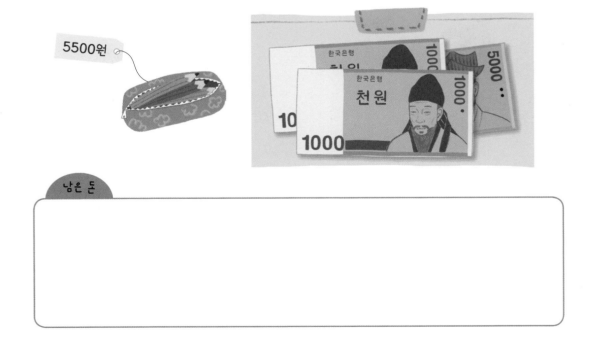

남은 돈

6200원

남은 돈

1200원

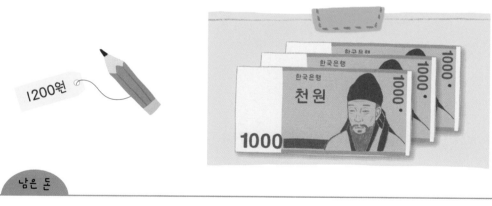

남은 돈

통장

🚗 다음은 롤롤이 매달 100원씩 저금한 통장입니다. 물음에 답하세요.

BANK

날짜	입금	출금	잔액
1월 10일	100		1200
2월 10일	100		1300
3월 10일	100		1400
4월 10일	100		1500
⋮			⋮
7월 10일	100		

입금액은 그 날 은행에 넣은 돈, 잔액은 모인 돈을 말하는 거야.

롤롤

롤롤이 매달 같은 금액을 저금합니다. 매달 통장의 잔액은 얼마씩 많아질까요?

원

잔액이 많아지는 규칙을 생각하여 7월 10일까지의 잔액을 차례로 쓰세요.

5월 10일   6월 10일   7월 10일

1200 — 1300 — 1400 — 1500 — ☐ — ☐ — ☐

7월 10일의 잔액은 얼마일까요?

원

🚗 다음은 토비가 매달 1000원씩 출금한 통장입니다. 물음에 답하세요.

날짜	입금	출금	잔액
1월 5일		1000	8000
2월 5일		1000	7000
3월 5일		1000	6000
⋮			⋮
7월 5일		1000	

출금액은 은행에서 뺀 금액이야.

토비

토비가 매달 같은 금액을 출금합니다. 매달 통장의 잔액은 얼마씩 적어질까요?

 원

잔액이 적어지는 규칙을 생각하여 7월 5일까지의 잔액을 차례로 쓰세요.

　　　　　　　4월 5일　　　5월 5일　　　6월 5일　　　7월 5일

8000 − 7000 − 6000 − □ − □ − □ − □

7월 5일의 잔액은 얼마일까요?

 원

분식집

🚗 친구들이 분식집에 갔어요. 물음에 답하세요.

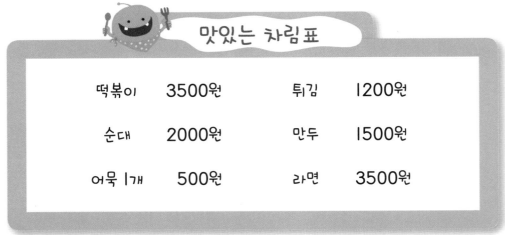

맛있는 차림표

떡볶이	3500원	튀김	1200원
순대	2000원	만두	1500원
어묵 1개	500원	라면	3500원

1000원 지폐는 파란색,
5000원 지폐는 주황색~

친구들이 가진 돈은 각각 얼마일까요?

앤: ☐ 원, 토비: ☐ 원, 롤롤: ☐ 원

앤이 라면을 먹었어요. 앤에게 남은 돈은 얼마일까요?

☐ 원

토비가 어묵을 몇 개 먹고 남은 돈이 없어요. 토비는 어묵을 몇 개 먹었을까요?

☐ 개

어묵 1개는 500원~
2개는? 3개는?

롤롤이 가진 돈으로 시킬 수 없는 메뉴에 ✕표 하세요.

(떡볶이와 어묵 1개)　　(순대와 만두)　　(튀김과 만두)　　(떡볶이와 라면)

🚗 10000원(만 원)을 알아보아요.

10000원짜리 지폐에는 세종대왕님이 그려져 있어요.

10000원에 있는 점자는 점이 3개.

10000원짜리 지폐는 초록색이에요.

이 지폐가 10000원짜리야.

5000원 지폐 2장을 모아도 10000원!

1000원짜리 10장도 10000원이야.

🚗 10000원에 모두 ◯표 하세요.

10000원 만들기

🚗 동전과 지폐를 모아 10000원을 만들려고 합니다. 10000원을 만드는 데 필요없는 동전 또는 지폐에 모두 ✕표 하세요.

지폐부터 모아볼까?

🚗 지갑 속 돈이 10000원이 되도록 지갑에 붙임 딱지를 붙이세요.

30일 햄버거

🚗 햄버거 가게의 메뉴를 보고 물음에 답하세요.

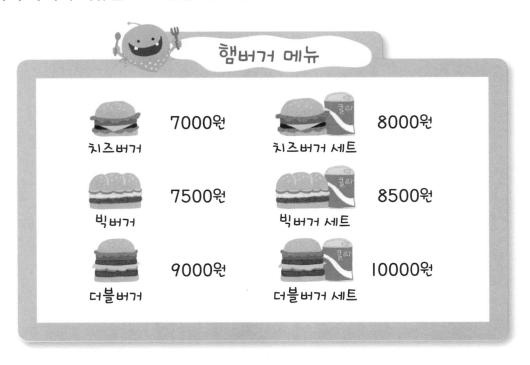

햄버거 메뉴

치즈버거	7000원	치즈버거 세트	8000원
빅버거	7500원	빅버거 세트	8500원
더블버거	9000원	더블버거 세트	10000원

가장 비싼 메뉴에 ◯표, 가장 싼 메뉴에 △표 하세요.

치즈버거 세트(🍔🥤)를 사려면 1000원짜리 [ ]장이 필요해요.

더블버거(🍔)는 5000원짜리 1장과 1000원짜리 [ ]장으로 살 수 있어요.

더블버거 세트(🍔🥤)를 사려면 [ ]원짜리 1장이 필요해요.

🚗 친구들이 10000원씩 가지고 햄버거 가게에 갔어요. 친구들이 각자 메뉴를 시키고 남은 돈은 얼마일까요?

난 치즈버거 먹을 거야.

🍔 : ☐ 원

나는 치즈버거 세트~

🍔 : ☐ 원

1000원 10장을 모으면 10000원이 되는 걸 생각해.

5000원 2장을 모아도 10000원이지.

빅버거 세트 먹을래.

🍔 : ☐ 원

1 얼마일까요?

2 앤이 저금통에 매일 1000원씩 돈을 넣습니다. 8일 동안 돈을 넣은 후 저금통에 있는 돈은 얼마일까요?

3 10000원으로 다음 간식을 몇 개까지 살 수 있을까요?

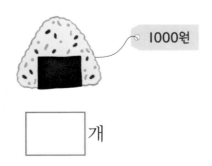

1000원

2000원

개   개

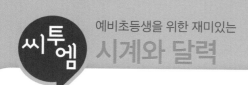
 예비초등생도 '시계와 달력'
재미있게 시작할 수 있다.

<시계와 달력>은 단순하게 시계를 보는 방법과 달력을 보는 방법만을 이야기하지 않습니다. 시간의 흐름이라는 큰 틀 안에서 요일, 날짜를 인지하면서 시각을 읽고, 날짜/요일, 연/월의 개념을 익혀갈 수 있도록 구성하였습니다.

수학 마스터의 선택! 매쓰픽

원리시계

원리시계의 활동

- 몇 시, 몇 시 30분
- 몇 시, 몇 분
- 몇 시간 후
- 시간 차 대결

만능달력

만능달력의 활동

- 날짜 맞히기
- 달력 스무 고개
- 지그재그 달력 만들기
- 미래의 시계

예비 초등 수학

정답과 교구재

길이와 화폐

지식과 상상

예비 초등 화폐

정답과 풀이지

하루한

동화로 수학

1단원 동전

1일 여러 가지 동전

우리나라에서 사용하는 동전들을 알아보아요.

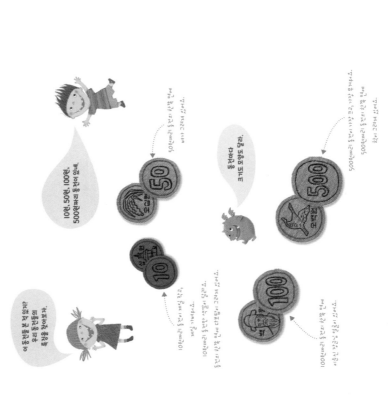

🔹 같은 금액의 동전을 찾아 선으로 이으세요.

🔹 4가지 동전 중 색깔이 다른 동전은 무엇일까요?

[10] 원

🔹 4가지 동전 중 가장 크고 무거운 동전과 가장 작고 가벼운 동전을 차례로 쓰세요.

[500] 원, [10] 원

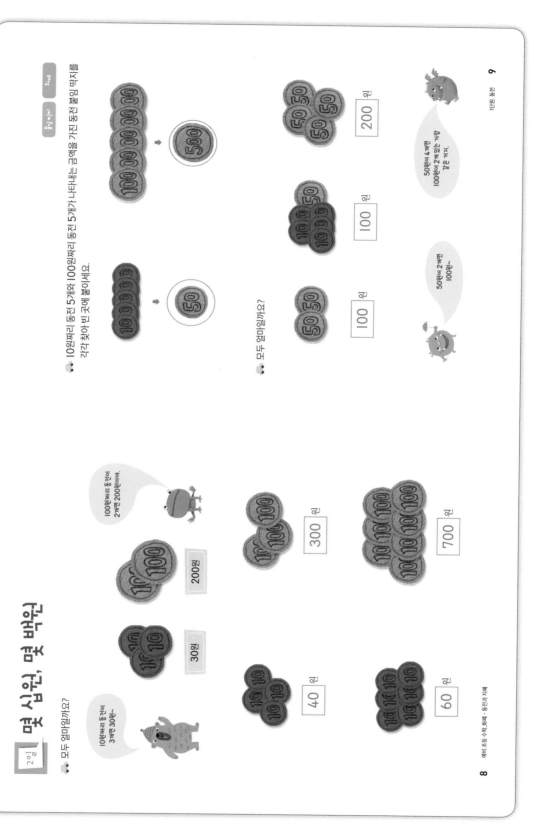

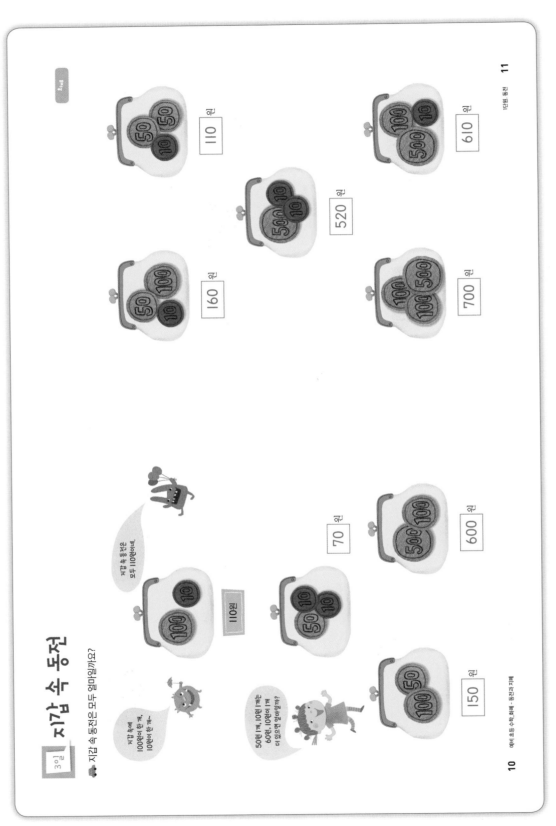

3회 지갑 속 동전

지갑 속 동전은 모두 얼마일까요?

지갑 속 동전은 모두 110원이네.

110원

지갑 속에 100원이 한 개, 10원이 한 개~

50원 1개, 10원 1개는 60원, 10원이 1개 더 있으면 얼마일까?

110 원
610 원
520 원
160 원
700 원

70 원
600 원
150 원

예비 초등 수학_화폐 - 동전과 지폐 **4** 정답

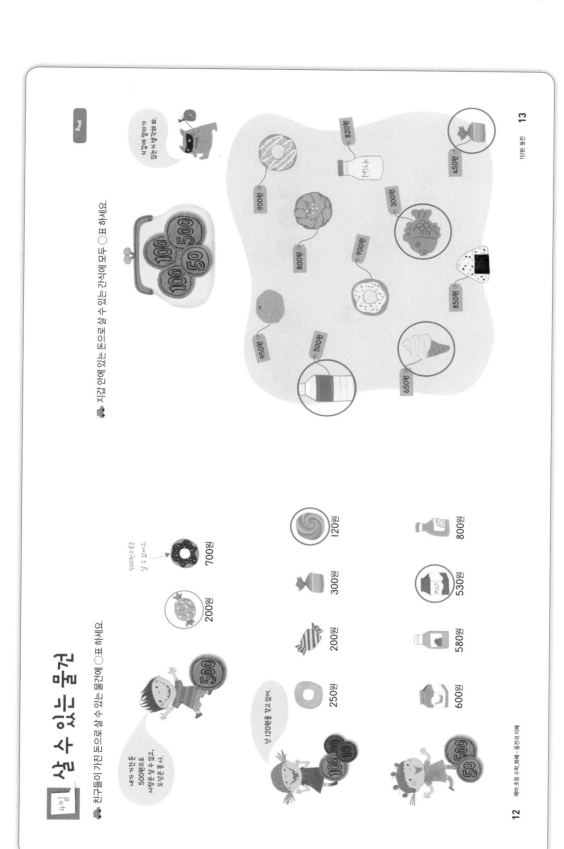

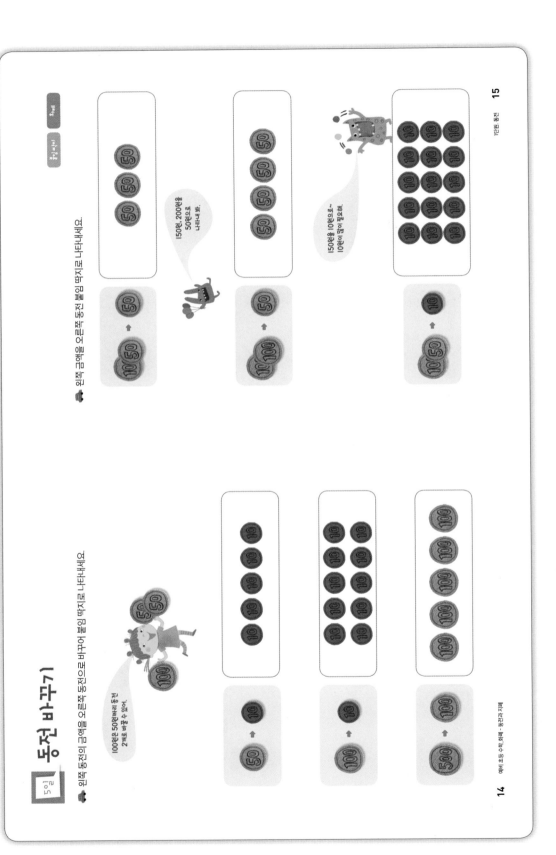

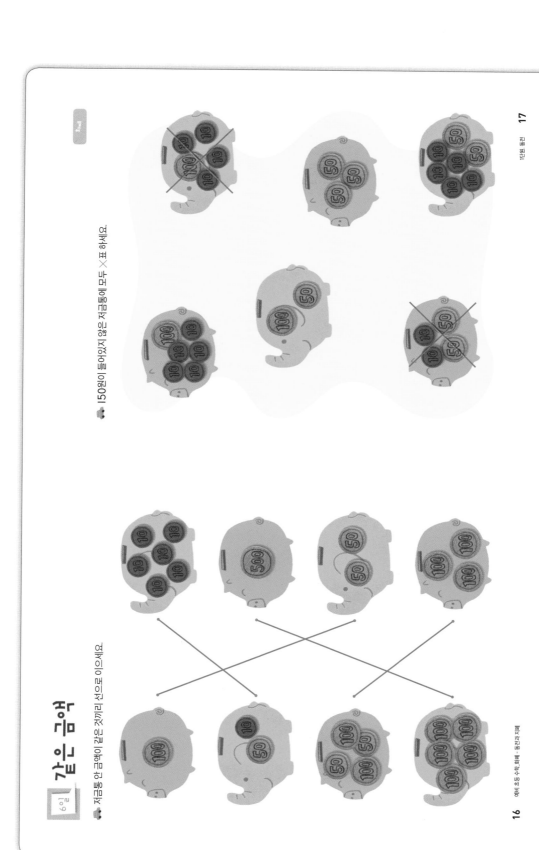

09일차 같은 금액

저금통 안 금액이 같은 것끼리 선으로 이으세요.

150원이 들어있지 않은 저금통에 모두 ✕표 하세요.

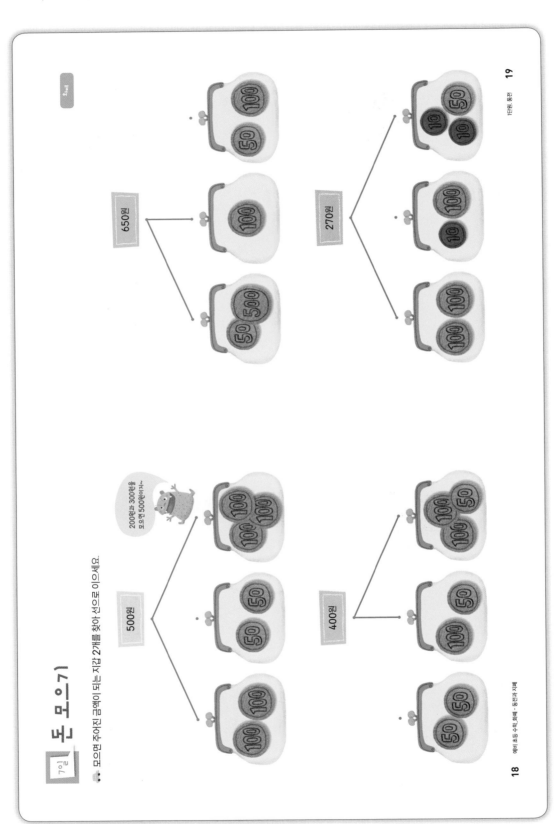

모으면 주어진 금액이 되는 지갑 2개를 찾아 선으로 이으세요.

500원

400원

200원과 300원을
모으면 500원이야~

650원

270원

8주

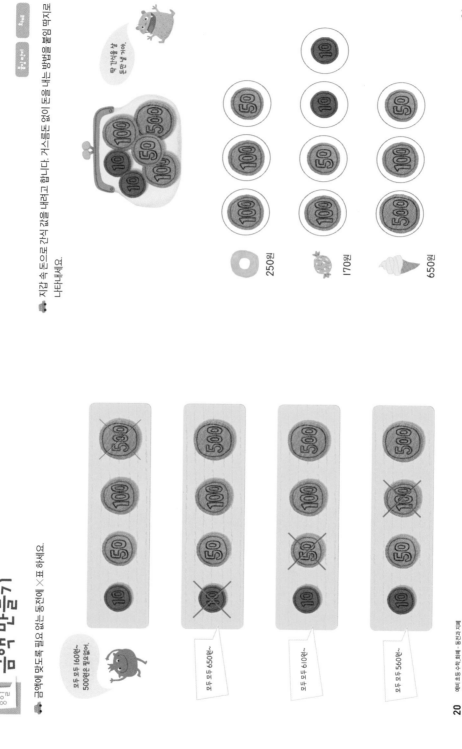

금액 만들기

8강

금액에 맞도록 필요 없는 동전에 ×표 하세요.

모두 모두 160원~ 500원은 필요없어.

모두 모두 650원~

모두 모두 610원~

모두 모두 560원~

지갑 속 동전으로 간식 값을 내려고 합니다. 거스름돈 없이 돈을 내는 방법을 붙임 딱지로 나타내세요.

250원

170원

650원

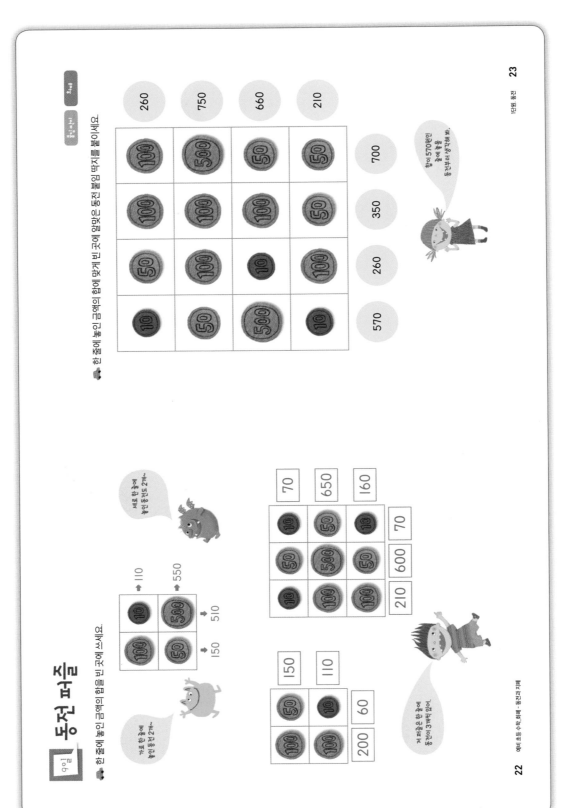

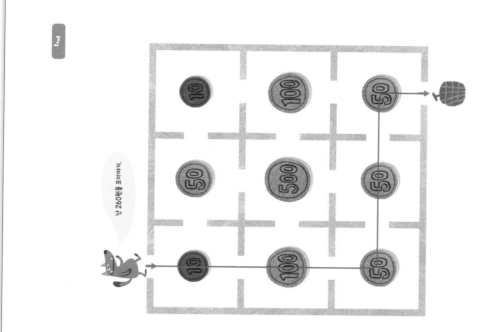

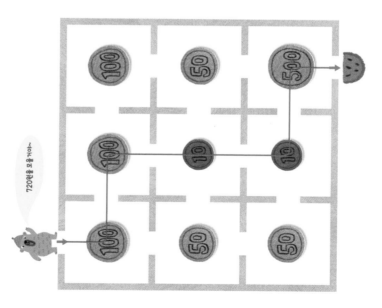

동전 미로

동물 친구가 말한 금액에 맞도록 동전을 모아요. 미로를 통과하는 선을 그리세요.

720원을 모을거야~

난 260원을 모아야지.

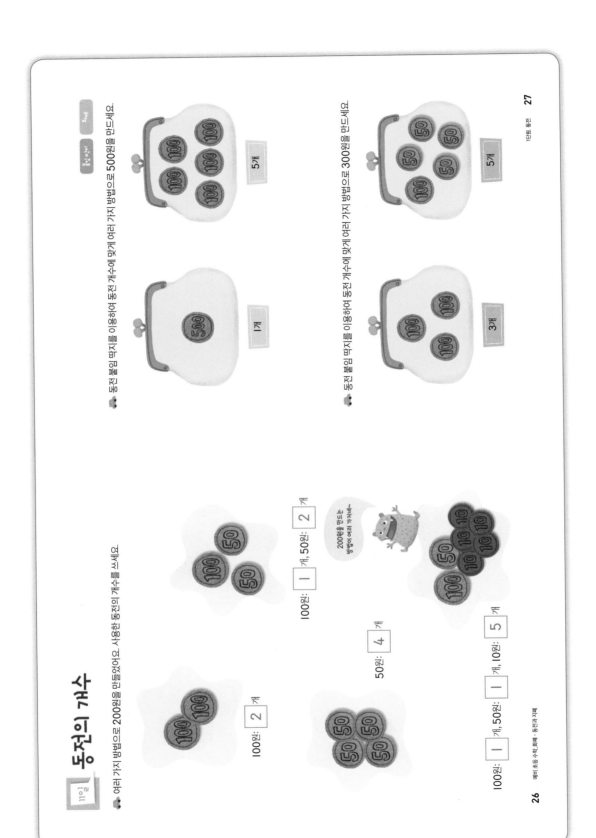

동전의 개수

11일

여러 가지 방법으로 200원을 만들었어요. 사용한 동전의 개수를 쓰세요.

100원: 2 개

100원: 1 개, 50원: 2 개

50원: 4 개

100원: 1 개, 50원: 1 개, 10원: 5 개

200원을 만드는
방법이 여러 가지네~

동전 붙임 딱지를 이용하여 동전 개수에 맞게 여러 가지 방법으로 500원을 만드세요.

5개

1개

동전 붙임 딱지를 이용하여 동전 개수에 맞게 여러 가지 방법으로 300원을 만드세요.

5개

3개

부족한 돈은 얼마?

지갑 속 돈으로 학용품을 사려고 합니다. 돈이 넘거나 부족하지 않도록 지갑에 동전을 붙여 임딱지를 붙이세요.

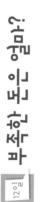

830원

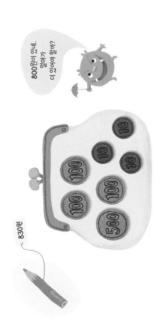

800원이 아니. 얼마가 더 있어야 할까?

950원

700원을 먼저 만들고, 50원을 만들어야겠다~

750원

여러 가지 답이 있습니다.

680원

420원

여러 가지 답이 있습니다.

남은 돈은 얼마?

13일

친구들의 이야기를 보고 물음에 답하세요.

우리가 가진 돈은 500원이야.

뭘살 수 있을까?

500원으로 살 수 없는 음료수에 ✕표 하세요.

500원으로 음료수를 살 때 돈이 남지 않는 음료수에 ○표 하세요.

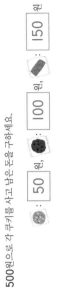 

500원으로 를 사면 100 원, 를 사면 200 원이 남습니다.

500원으로 과자 맛 거야~

500원으로 과자를 살 때 돈이 남지 않는 과자에 ○표 하세요.

500원으로 과자를 사고 남은 돈을 구하세요.

가격이 쌀수록 남는 돈이 많아.

: 50 원, : 100 원, : 150 원

확인 학습

1 얼마일까요?

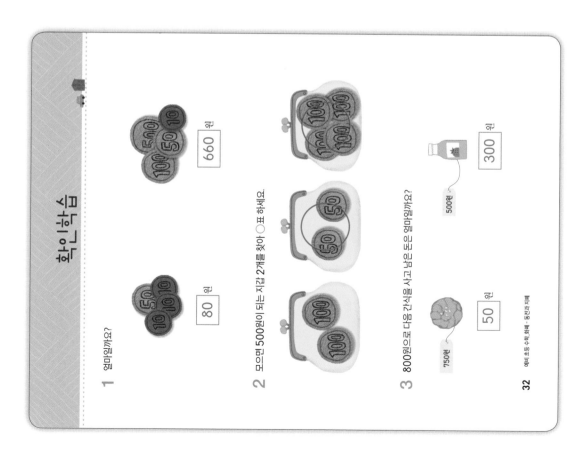

80 원

660 원

2 모으면 500원이 되는 지갑 2개를 찾아 ○표 하세요.

3 800원으로 다음 간식을 사고 남은 돈은 얼마일까요?

750원 → 50 원

500원 → 300 원

2단원 동전과 지폐

14일 1000원(천 원)

● 1000원(천 원)을 알아보아요.

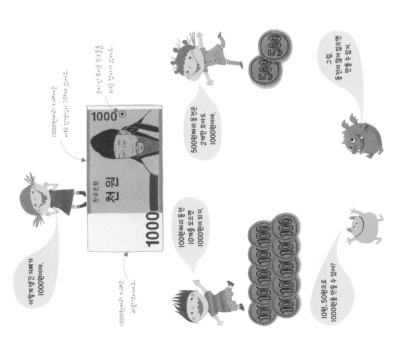

● 1000원에 모두 ○표 하세요.

칭찬

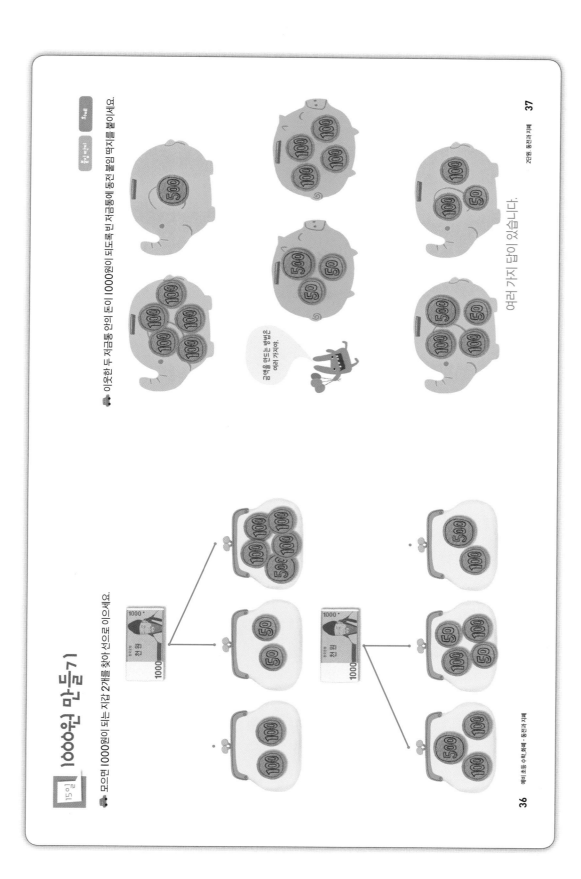

15일 1000원 만들기

모으면 1000원이 되는 지갑 2개를 찾아 선으로 이으세요.

이웃한 두 저금통 안의 돈이 1000원이 되도록 빈 저금통에 동전 붙임 딱지를 붙이세요.

여러 가지 답이 있습니다.

금액을 만드는 방법은 여러 가지야.

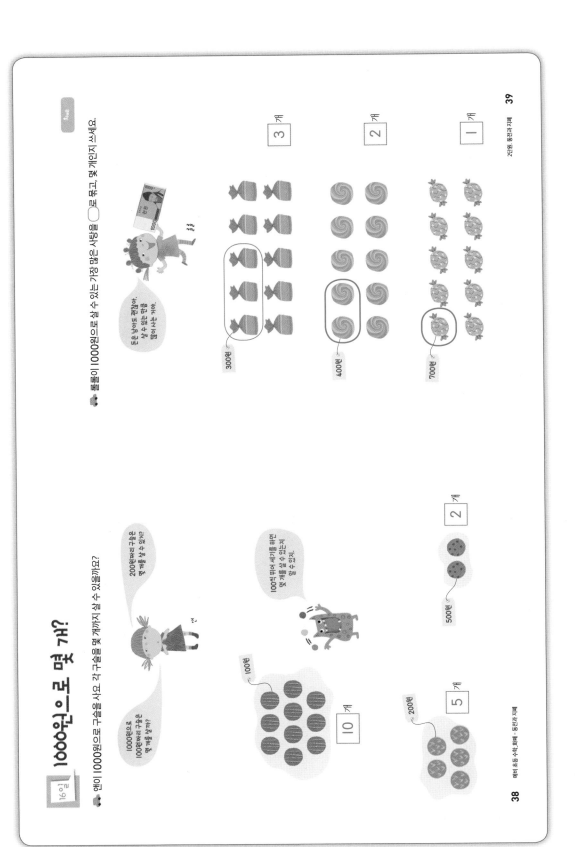

16일 1000원으로 몇 개?

왜이 1000원으로 구슬을 사요. 각 구슬을 몇 개까지 살 수 있을까요?

1000원 내고 남은 돈

17일차

자판기에 1000원을 넣고 과일을 사고 각 과일을 사고 남은 돈을 선으로 이으세요.

자판기에 1000원을 넣고 빵을 사고 각 빵을 사고 남은 돈을 선으로 이으세요.

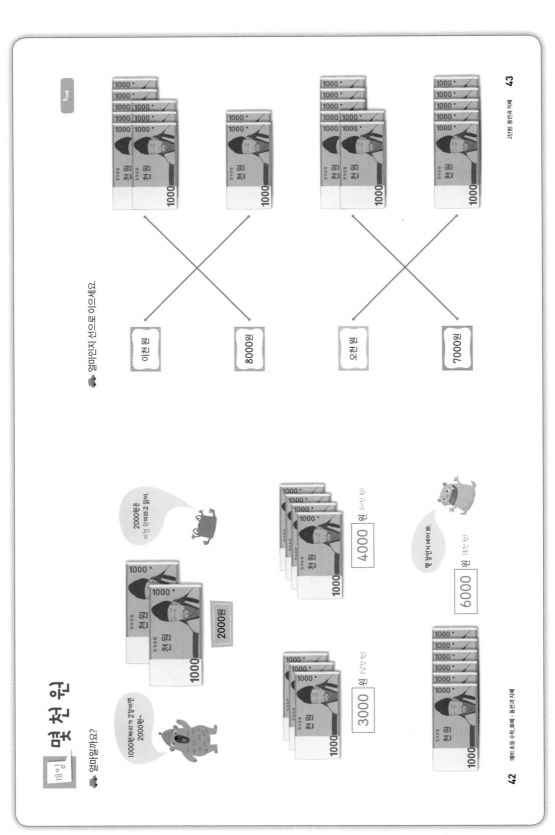

18일 맞 첫 원

얼마일까요?

2000원은 이천 원이라고 읽어.

1000원짜리가 2장이면 2000원~

2000원

4000 원 (사천 원)

3000 원 (삼천 원)

맞 장인지 세어 봐.

6000 원 (육천 원)

얼마인지 선으로 이으세요.

이천 원

8000원

오천 원

7000원

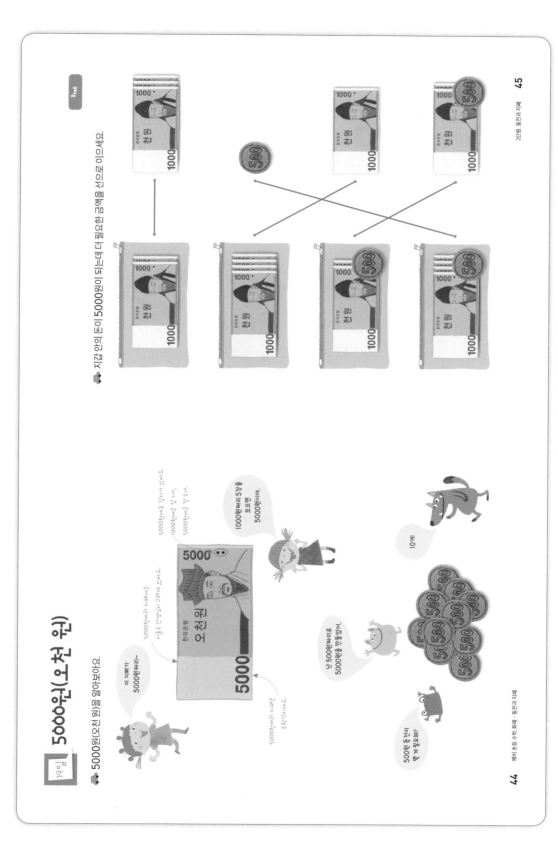

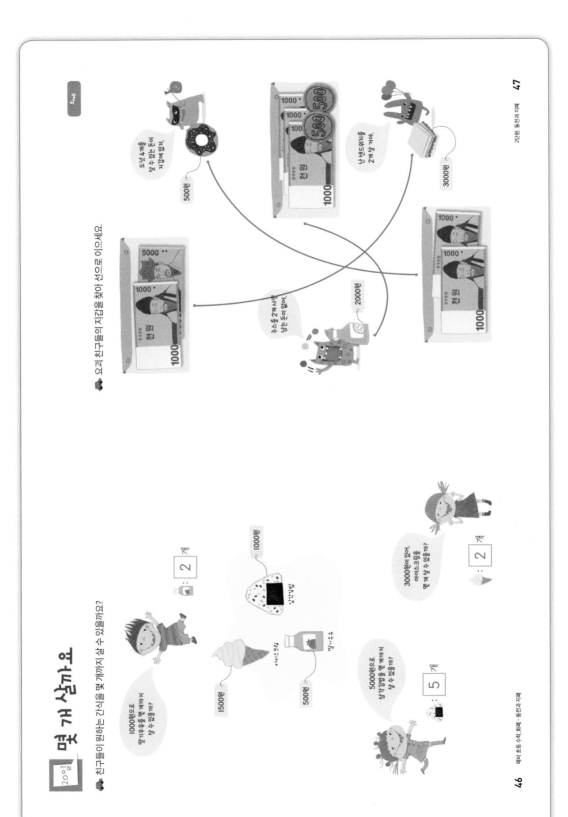

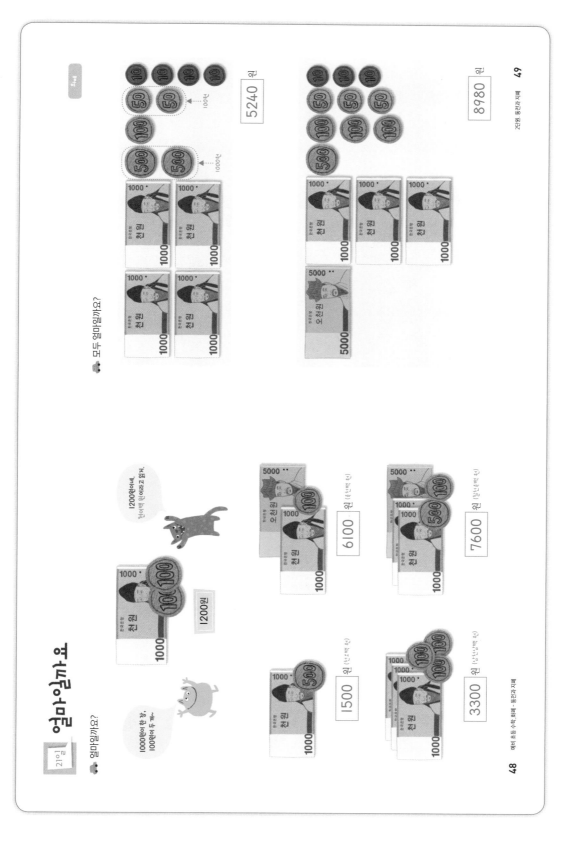

예비 초등 수학_화폐 - 동전과 지폐

얼마일까요?

21일

얼마일까요?

1200원이야. 천에 백 원이라고 함께.

1000원이 한 장, 100원이 두 개~

1200원

6100 원 (육천백 원)

7600 원 (칠천육백 원)

1500 원 (천오백 원)

3300 원 (삼천삼백 원)

모두 얼마일까요?

100원

1000원

5240 원

8980 원

22일 필요없는 동전, 지폐

주어진 금액을 만드는 데 필요없는 동전 또는 지폐에 모두 ✕표 하세요.

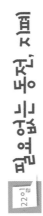

7000원을 만져 만들고, 700원, 80원을 차례로 만들어 봐.

7780원

500원, 100원짜리 동전을 1개씩 지우면 정답입니다.

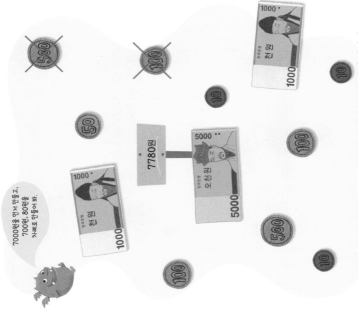

참쌤

5630원

1000원, 100원, 50원, 10원짜리를 1개씩 지우면 정답입니다.

요괴 친구가 말한 금액이 되도록 돈을 모아요. 미로를 통과하는 선을 그리세요.

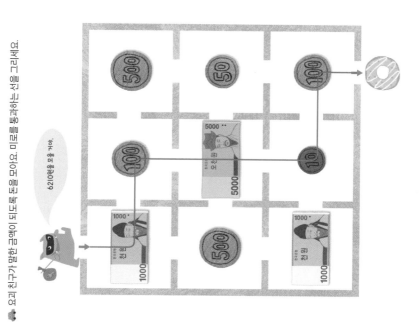

6210원을 모아야 해.

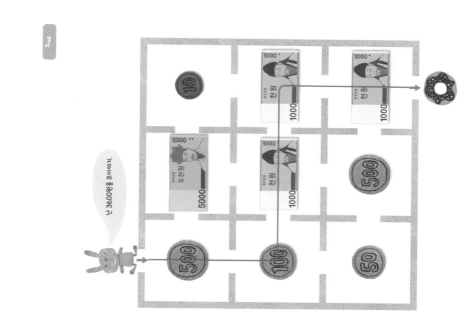

딱 3600원을 모아야지.

어느 마트에서 파는 물건 중 가장 비싼 물건에 ○표, 가장 싼 물건에 △표 하세요.

6200원 950원 750원 7300원 5700원 1200원 9900원 830원 680원 1000원 9300원

살 때 돈이 많이 필요한 쪽수록 비싼 거야.

24일 (일)

많아요, 적어요

같은 색 지갑 중 더 많은 돈이 들어있는 지갑에 ○표 하세요.

1000원짜리가 같으면 500원, 100원짜리가 많을수록 많은 거야.

1000원짜리가 많을수록 돈이 많은 거야.

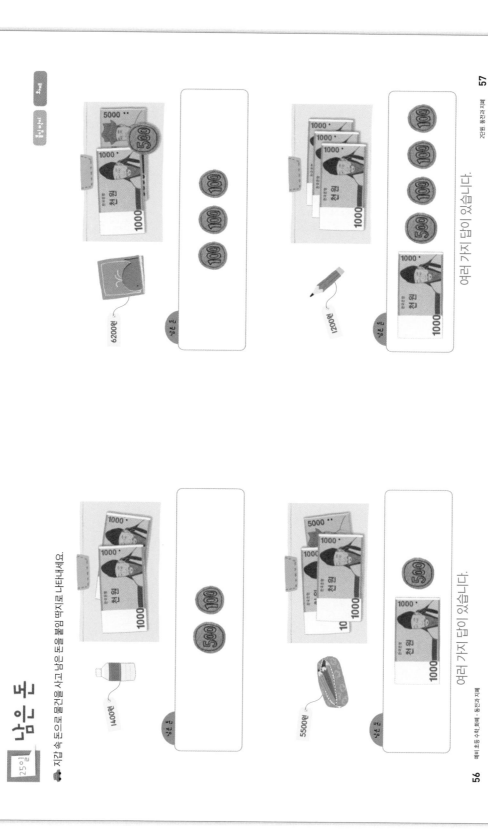

통장

● 다음은 룰룰이 매달 100원씩 저금한 통장입니다. 물음에 답하세요.

BANK

날짜	입금	출금	잔액
1월 10일	100		1200
2월 10일	100		1300
3월 10일	100		1400
4월 10일	100		1500
......			
7월 10일	100		

입금은 은행에 내 돈을 넣는 것, 잔액은 통장에 남은 돈을 말하는 거야.

룰룰이 매달 같은 금액을 저금합니다. 매달 통장의 잔액은 얼마씩 많아질까요?

[100] 원

잔액이 많아지는 규칙을 생각하여 7월 10일까지의 잔액을 차례로 쓰세요.

1200 − 1300 − 1400 − 1500 − [1600] − [1700] − [1800]

(5월 10일) (6월 10일) (7월 10일)

7월 10일의 잔액은 얼마인가요?

[1800] 원

● 다음은 토비가 매달 1000원씩 출금한 통장입니다. 물음에 답하세요.

BANK

날짜	입금	출금	잔액
1월 5일		1000	8000
2월 5일		1000	7000
3월 5일		1000	6000
......			
7월 5일		1000	

출금은 은행에서 돈을 빼는 거야.

토비가 매달 같은 금액을 출금합니다. 매달 통장의 잔액은 얼마씩 적어질까요?

[1000] 원

잔액이 적어지는 규칙을 생각하여 7월 5일까지의 잔액을 차례로 쓰세요.

8000 − 7000 − 6000 − [5000] − [4000] − [3000] − [2000]

(4월 5일) (5월 5일) (6월 5일) (7월 5일)

7월 5일의 잔액은 얼마일까요?

[2000] 원

27일 분식집

친구들이 분식집에 갔어요. 물음에 답하세요.

맛있는 차림표

떡볶이	3500원	튀김	1200원
순대	2000원	만두	1500원
어묵 1개	500원	라면	3500원

1000원 지폐는 파란색, 5000원 지폐는 주황색~

어묵 1개는 500원~ 2개는? 3개는?

친구들이 가진 돈은 각각 얼마일까요?

엔: 5000 원, 토비: 1500 원, 룰룰: 6000 원

엔이 라면을 먹었어요. 엔에게 남은 돈은 얼마일까요?

1500 원

토비가 어묵을 몇 개 먹고 남은 돈이 없어요. 토비는 어묵을 몇 개 먹었을까요?

3 개

룰룰이 가진 돈으로 시킬 수 없는 메뉴에 X표 하세요.

(떡볶이와 어묵 1개)　(순대와 만두)　(튀김과 만두)　(떡볶이와 라면)

28일 10000원(만 원)

💰 10000원(만 원)을 알아보아요.

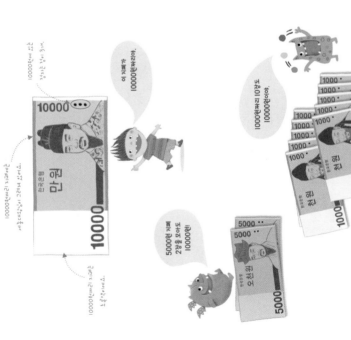

이 지폐가 10000원짜리야.

1000원짜리 10장이 10000원이야.

5000원 지폐 2장을 모아도 10000원이야.

10000원짜리 지폐에는 세종대왕이 그려져 있어요.

10000원짜리 지폐는 한국은행에서 만들어요.

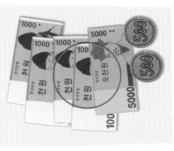

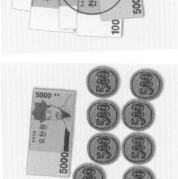

💰 10000원에 모두 ○표 하세요.

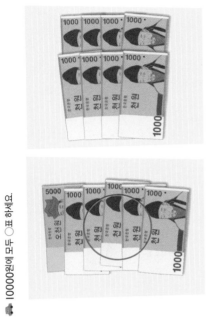

🔷 지갑 속 돈이 10000원이 되도록 지갑에 붙임 딱지를 붙이세요.

여러 가지 답이 있습니다.

29일 10000원 만들기

🔷 동전과 지폐를 모아 10000원을 만들려고 합니다. 10000원을 만드는 데 필요없는
동전 또는 지폐에 모두 ✕표 하세요.

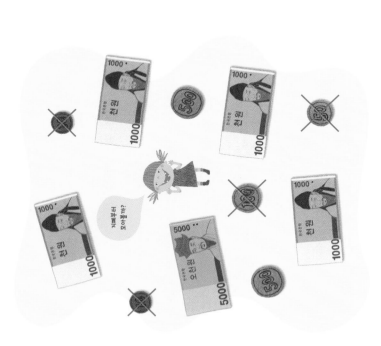

햄버거

햄버거 가게의 메뉴를 보고 물음에 답하세요.

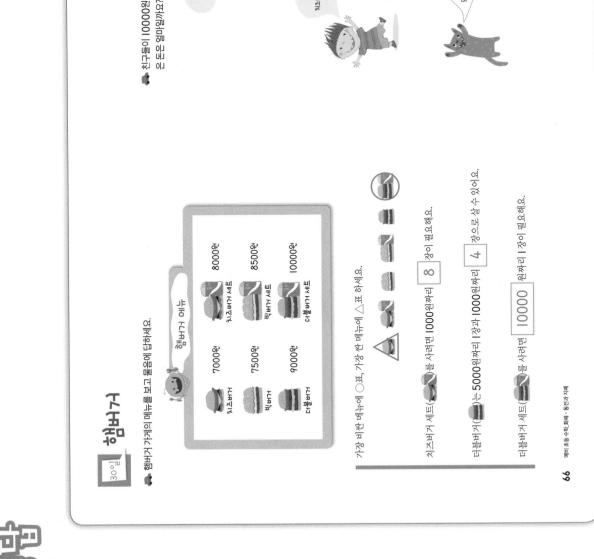

햄버거 메뉴

치즈버거 7000원	치즈버거 세트 8000원
빅버거 7500원	빅버거 세트 8500원
더블버거 9000원	더블버거 세트 10000원

가장 비싼 메뉴에 ○표, 가장 싼 메뉴에 △표 하세요.

치즈버거 세트( )를 사려면 1000원짜리 8 장이 필요해요.

더블버거( )는 5000원짜리 1장과 1000원짜리 4 장으로 살 수 있어요.

더블버거 세트( )를 사려면 10000 원짜리 1장이 필요해요.

친구들이 10000원씩 가지고 햄버거 가게에 갔어요. 친구들이 각자 메뉴를 시키고 남은 돈은 얼마일까요?

난 치즈버거 먹을 거야.

: 3000 원

1000원이 10장이 모이면 10000원이 되는 거지.

나는 치즈버거 세트~

: 2000 원

빅버거 세트 먹을래.

: 1500 원

5000원 2장을 모아도 10000원이지.

확인학습

1 얼마일까요?

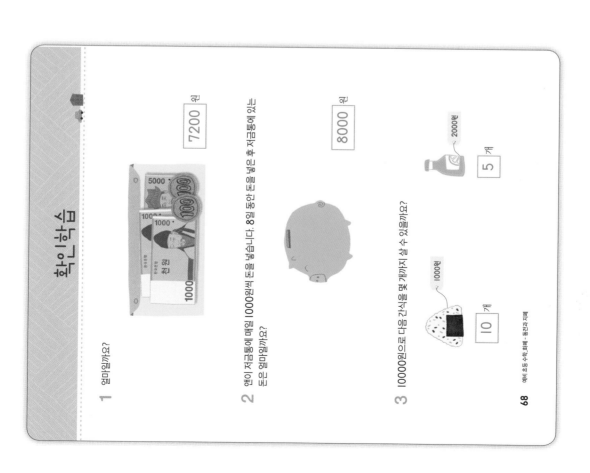

[7200] 원

2 옌이 저금통에 매일 1000원씩 돈을 넣습니다. 8일 동안 돈을 넣은 후 저금통에 있는 돈은 얼마일까요?

[8000] 원

3 10000원으로 다음 간식을 몇 개까지 살 수 있을까요?

1000원 [10] 개

2000원 [5] 개

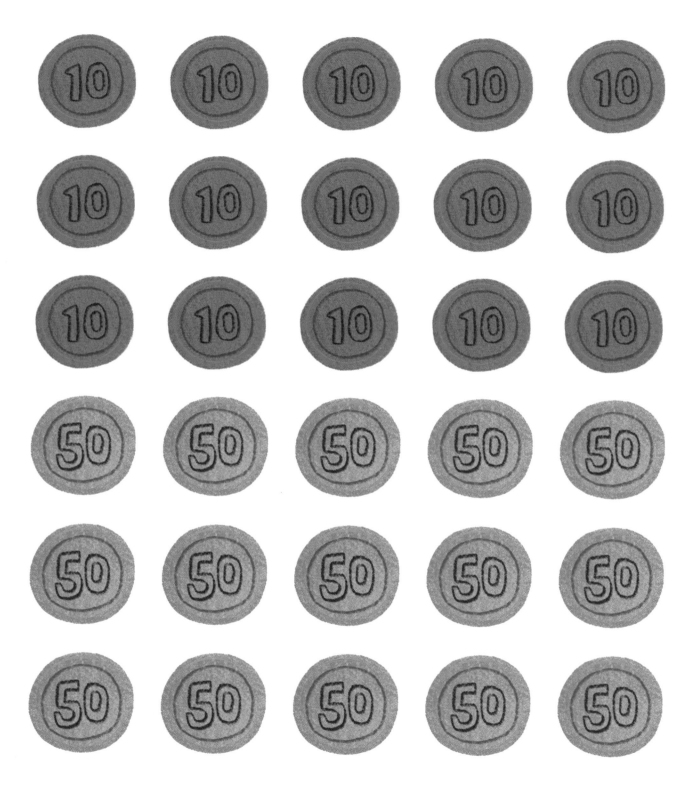

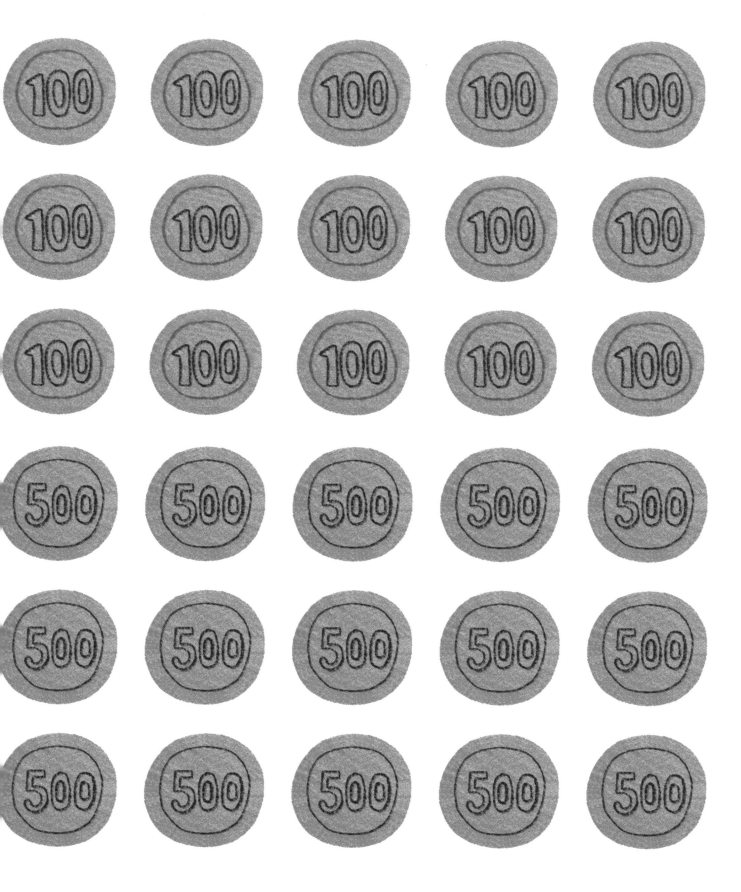

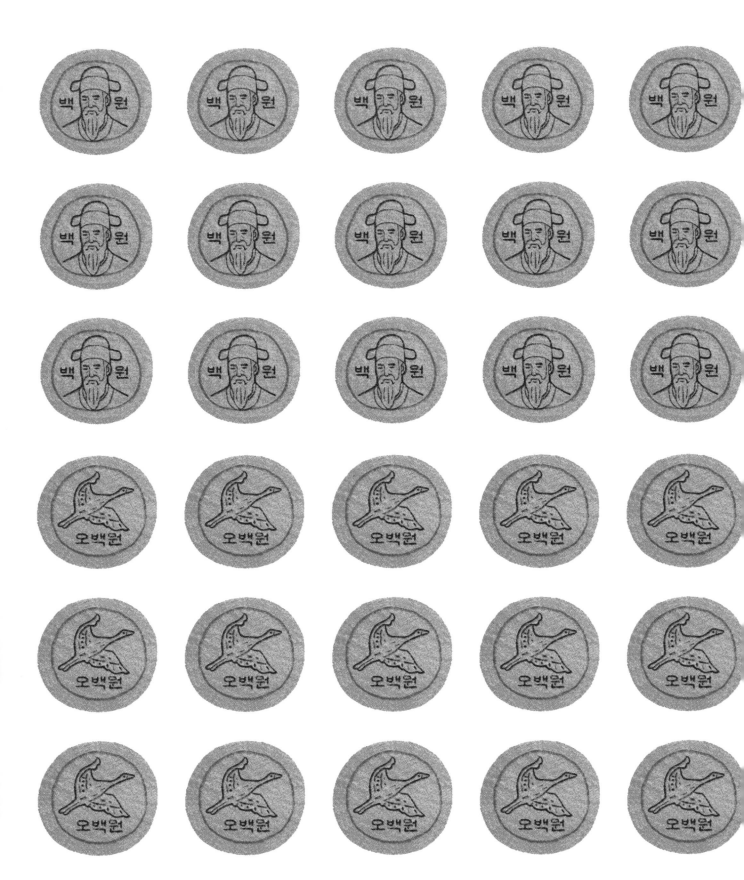

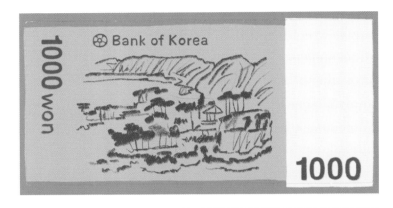

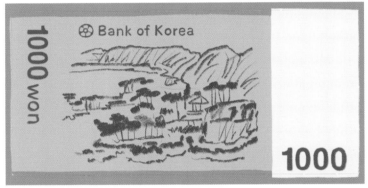

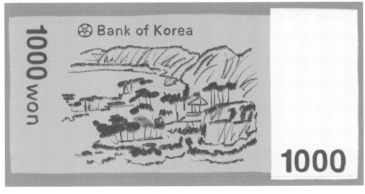

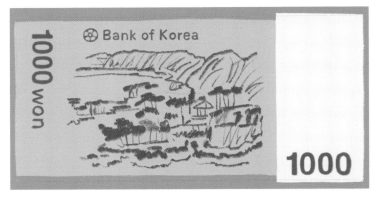

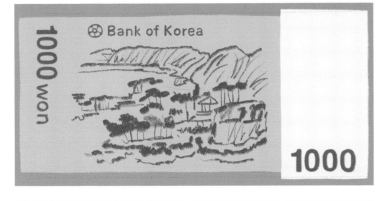
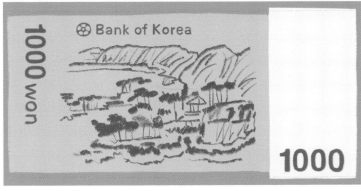

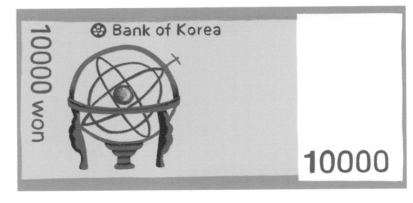

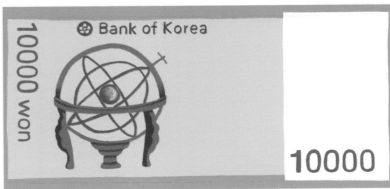

화폐 - 동전과 지폐 붙임 딱지

[**9**쪽, **21**쪽, **23**쪽]

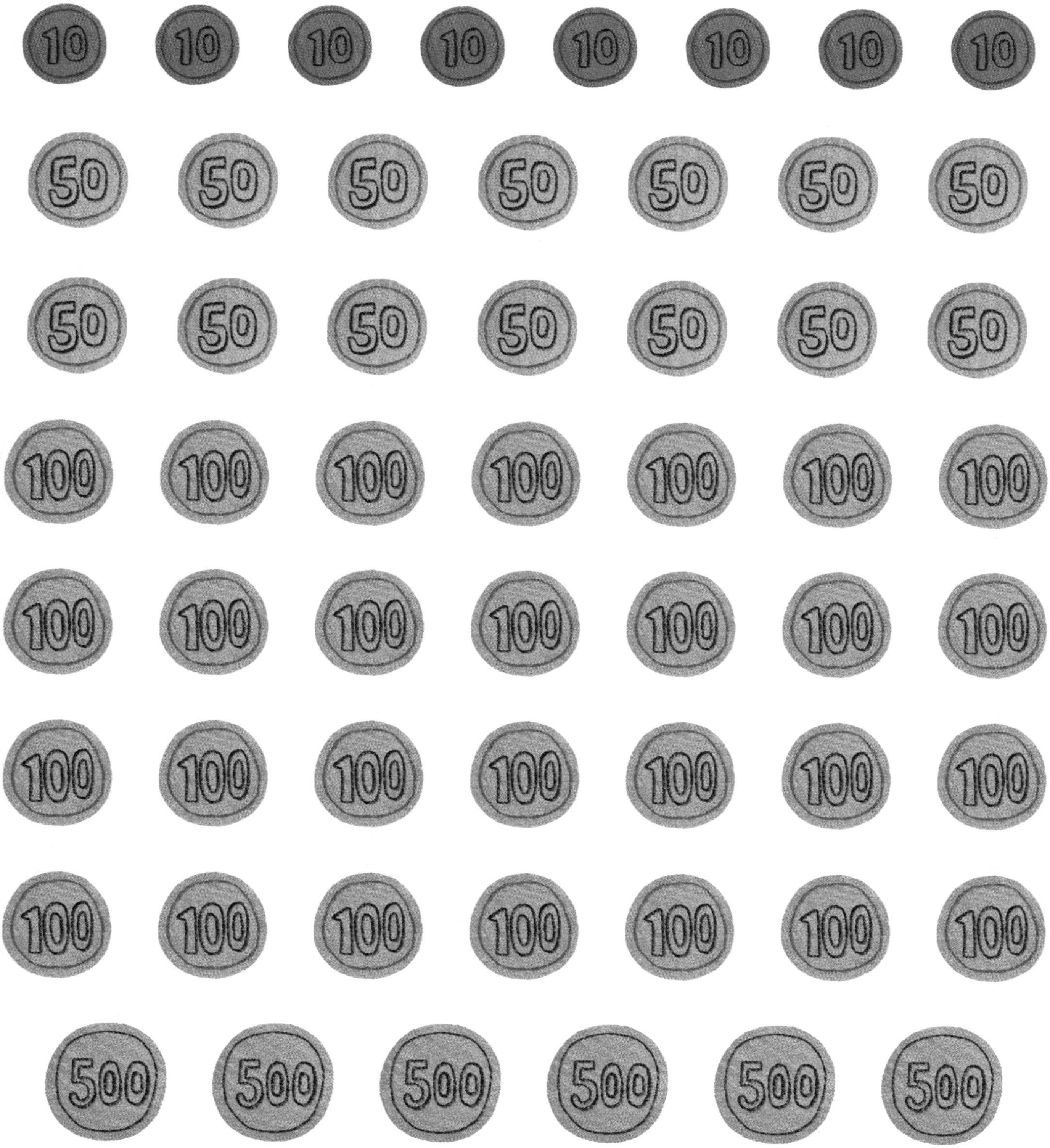

[14쪽, 15쪽, 27쪽, 28쪽, 29쪽, 37쪽, 56쪽, 57쪽, 65쪽]

[14쪽, 15쪽, 27쪽, 28쪽, 29쪽, 37쪽, 56쪽, 57쪽, 65쪽]

100	100	100	100	100	100	100
100	100	100	100	100	100	100
100	100	100	100	100	100	100
100	100	100	100	100	100	100
100	100	100	100	100	100	100
100	100	100	100	100	100	100
100	100	100	100	100	100	100
100	100	100	100	100	100	100
100	100	100	100	100	100	100

[14쪽, 15쪽, 27쪽, 28쪽, 29쪽, 37쪽, 56쪽, 57쪽, 65쪽]

" **Toddlers want to learn about what,
and I think they want to learn right now.** "
– Glenn Doman

어린 아이는 무엇에 대해서 배우고 싶어하며,
바로 지금 배우고 싶다고 생각한다.

- 인간능력개발연구소 소장, 글랜 도만 -

예비초등생도 '구구단' 재미있게 시작할 수 있다.

수학이 즐거운 아이!
예비 초등수학의 시작 '구구단'

<구구단> 초등 2학년에 나오는 구구단 학습에 대해서 예비 초등생들도 충분히 미리 시작해 볼 수 있도록 구성하였습니다.
단순 암기로 구구단을 외우지 않고도 책의 구성을 따라가다 보면 자연스럽게 곱셈구구의 의미를 이해하고 숙지할 수 있습니다.

구구단을 게임으로 즐기면서 연습하고 숙달시키자!

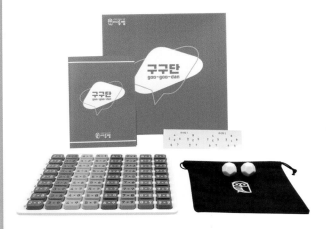

레인보우 구구단의 특징

- 곱셈칩 윗면은 곱셈식, 아랫면은 곱셈식의 값이 적혀 있어요.
- 뒤집어서 곱셈식의 값을 확인할 수 있어요.
- 곱셈틀에 칩을 차례대로 놓으며 곱셈값을 익힐 수 있어요.
- 뛰어 세기를 통해 자연스럽게 배열을 유추해 볼 수 있어요.
- 곱셈식과 곱셈의 값을 배열하면서 규칙성을 알 수 있어요.
- 교구를 통하여 곱셈의 기초를 이해하고, 반복된 게임으로 구구단을 숙달할 수 있어요.